DEUTSCHE DEMOKRATISCHE REPUBLIK
DEUTSCHE AKADEMIE
DER LANDWIRTSCHAFTSWISSENSCHAFTEN
ZU BERLIN

VERÖFFENTLICHUNGEN

1. 1. 1966—1. 5. 1969

Bestellungen

durch den Buchhandel oder direkt beim Leipziger Kommissions- und Großbuchhandel bzw. (Ausland) beim Deutschen Buch-Export und -Import Leipzig, für periodisch erscheinende Publikationen beim Postzeitungsvertrieb der DDR, soweit nicht gesondert vermerkt

Folgende Veröffentlichungen werden auch auf dem Tauschwege von der Landwirtschaftlichen Zentralbibliothek der Deutschen Akademie der Landwirtschaftswissenschaften zu Berlin, 108 Berlin, Krausenstraße 38/39, an andere wissenschaftliche Institutionen abgegeben:

Sitzungsberichte
Berichte und Vorträge
Jahrbücher
Tagungsberichte
Beiträge zur Geschichte der Landwirtschaftswissenschaften
Archive
Der Deutsche Gartenbau
Deutsche Fischereizeitung
Fortschrittsberichte

Die mit einem + gekennzeichneten Titel sind nur einem begrenzten festen Bezieherkreis zugänglich.

Vor dem 1. 1. 1966 erschienene Veröffentlichungen siehe Verzeichnis „Veröffentlichungen“ Stand 1. Oktober 1967

1969
Herausgeber: Deutsche Demokratische Republik
Deutsche Akademie der Landwirtschaftswissenschaften zu Berlin
Druckgenehmigung: Ag 505/46/69
Herstellung: IV/2/14 VEB Werkdruck, 445 Gräfenhainichen · 3181

INHALT

I. SCHRIFTENREIHEN

Sitzungsberichte

Band XV, 1966

Heft 1: RAUHE, K.: Gedanken zur künftigen Gestaltung der Humusersatzwirtschaft im Rahmen industriemäßiger Produktionsmethoden. 30 S. m. 10 Abb. – 1,80 M

Heft 2: GRUNER, W.: Probleme der Meß-, Steuerungs- und Regelungstechnik in der Landwirtschaft. 28 S. m. 22 Abb. – 1,60 M

Heft 3: KÖNNECKE, G.: Fruchtfolgegestaltung unter den Bedingungen industriemäßiger Produktion und der Entwicklung von Kooperationsbeziehungen. 24 S. – 1,50 M

Heft 4: NEHRING, K.; WÜNSCHE, J.; BOCK, H.-D.; PLATIKANOW, N; TOMME, M. F.; GAŽO, M.; JÉCSAI, J.; TANGL, H.; BĂIA, G.: Verbesserung der Eiweißversorgung der landwirtschaftlichen Nutztiere. 94 S. m. 2 Abb. – 2,00 M

Heft 5: SCHUBERT, E.; HUSSEIN, F.; SANDKE, G.; BISCHOFF, J.; GRÖSCHNER, P.: Probleme des Lagerverhaltens und Methoden zur Erfassung der Qualitätsmerkmale bei Obstsorten. 43 S. m. 10 Abb. – 1,80 M

Heft 6: WITTER, B.; BERGMANN, W.; LEHEIS, F.; GEY, S.; PETER, H.; KLEMM, K.-H.; GROSSE, H.; RZYMKOWSKI, P.; HAMMER, U.; SCHRAMEIER, R.; WAHL, H.: Ergebnisse und Auswertung des III. Turnus der systematischen Bodenuntersuchung der DDR 1961 bis 1965. 48 S. u. 8 Farbtaf. – 2,00 M

Heft 7: HANKE, P.: Zu einigen Fragen der Entwicklung und Organisation der Forschung. 27 S. – 1,60 M

Heft 8: SCHÖNHERR, W.: Die Bekämpfung chronischer Seuchen des Rindes unter besonderer Berücksichtigung der Euterkrankheiten. 14 S. – 1,50 M

Heft 9: KLINKOWSKI, M.: Forschungsergebnisse und Probleme der Phytopathologie. 48 S. m. 19 Abb. – 1,80 M

Heft 10: KULLMANN, A.: Zur Dynamik der Bodenaggregate und deren Beeinflussung durch einige organische Substanzen. 18 S. m. 8 Abb. – 1,50 M

Heft 11: OLBERTZ, M.; SCHWARZ, K.: Die meliorationswissenschaftliche Forschung in der Deutschen Demokratischen Republik. 58 S. m. 13 Abb. – 2,00 M

Heft 12: KLEIBER, H.: Die weitere Entwicklung der Rinderhaltung unter besonderer Berücksichtigung technologischer und ökonomischer Fragen. 33 S. m. 3 Abb. – 1,80 M

Heft 13: DAHSE, F.: Tendenzen und Möglichkeiten der Mechanisierung und Automatisierung in der Rinderhaltung.
KLAUS, K.: Zu einigen Fragen des Stallbaues, besonders hinsichtlich der Versuchsanlagen für Kühe.
AA, R. v. d.: Probleme der Tierhygiene in Rindergroßbeständen.
55 S. m. 17 Abb. – 2,00 M

Heft 14: SCHÖNMUTH, G.: Genetische Grundlagen der Rinderzuchtung.
LENSCHOW, J.: Probleme der Rinderzüchtung im Hinblick auf die Entwicklung des volkswirtschaftlichen Bedarfs und die Einführung industriemäßiger Produktionsmethoden.
(In Vorbereitung)

Heft 15: MÜLLER, G.: Der Einfluß der Mineraldüngung auf den biologischen Kreislauf der Stoffe landwirtschaftlich genutzter Böden. 29 S. m. 1 Abb. – 1,80 M

Heft 16: EHWALD, E.: Probleme der Erfassung der Standortsverhältnisse der DDR und ihrer Auswertung. 35 S. u. Einschlagtabelle. – 1,80 M

Heft 17: MÜLLER, K.-H.; GALL, H.; HENNIGER, H.: Probleme der Kartoffel-Resistenzzüchtung. 47 S. m. 5 Abb. – 2,00 M

Heft 18: EHWALD, E.; LIEBEROTH, I.; SCHWANECKE, W.: Zur Systematik der Böden der DDR, besonders im Hinblick auf die Bodenkartierung. 95 S. u. 3 Tab. – 2,00 M

Heft 19: PIATKOWSKI, B.: Neue Erkenntnisse auf dem Gebiet der Ernährung junger Wiederkäuer. 20 S. m. 5 Abb. – 1,50 M

Heft 20: LIEBENBERG, O.; SCHOLZ, K.: Probleme der Verhaltensforschung in der Tierzucht. 36 S. m. 6 Abb. – 1,80 M

Heft 21: NEHRING, K.; SCHIEMANN, R.; HOFFMANN, L.; REICHL, J.; SKULMOWSKI, J.; GONDOS, M.; PALAMARU, E.; SAGHIN, F.; MAXIM, V.; WITCZAK, F.; MICH, W.; TANGL, H.; DENISOW, J.: Das Problem der Futterbewertung und Futterwerteinheit. VIII. 152 S. m. 6 Abb. – 2,00 M

Band XVI, 1967

Heft 1: MARTIN, A.; VETTERLEIN, R.; JANK, H.; RUPPRECHT, H.; STAHN, B.: Probleme bei der Steigerung der Produktion im Zierpflanzenbau. 56 S. m. 10 Abb. – 2,00 M

Heft 2: GEISSLER, Th.; BAUMANN, E.; BLASSE, W.; WINKLER, G.: Maßnahmen zur Erhaltung und Steigerung der Bodenfruchtbarkeit auf gärtnerisch genutzten Flächen unter Berücksichtigung der Kooperationsbeziehungen und Dienstleistungseinrichtungen. 91 S. m. 9 Abb. – 2,00 M

Heft 3: SCHUMM, H.; RICHTER, K.; OTTO, E.; SCHREMMER, H.: Zu Problemen der industriemäßigen Produktion unter Berücksichtigung der Kooperation und Verflechtung am Beispiel der Schweinefleischerzeugung. 39 S. m. 13 Abb. – 1,80 M

Heft 4: KREIL, W.; KALTOFEN, H.: Fragen der Stickstoffdüngung des Graslandes. 56 S. m. 1 Abb. – 2,00 M

Heft 5: HEY, A.: Probleme des chemischen Pflanzenschutzes bei der industriemäßigen Produktion in der Feldwirtschaft. 44. S. m. 7 Abb. – 1,80 M

Heft 6: SCHILLING, G.; BERGMANN, W.; BEER, K.; NEUBERT, P.; RICHTER, D.; WITTER, B.: Aktuelle Probleme der Pflanzenernährung. (In Vorbereitung)

Heft 7: NEHRING, K.; SCHIEMANN, R.; HOFFMANN, L.; DMITROTSCHENKO, A. P.; CHUDY, A.; KIELANOWSKI, J.; SKULMOWSKI, J.; NESTEROVA, E. A.; REICHL, J.: Das Problem der Futterbewertung und Futterwerteinheit IX. 115 S. m. 4 Abb. – 2,00 M

Heft 8: WITTER, B.: Untersuchungen über die Verbesserung des Nährstoffzustandes der Böden in Verbindung mit der Auswertung der Systematischen Bodenuntersuchung. (In Vorbereitung)

Heft 9: NEHRING, K.; BOCK, H.-D.; WÜNSCHE, J.: Verbesserung der Eiweißversorgung der landwirtschaftlichen Nutztiere II. (In Vorbereitung)

Heft 10: HANKE, P.: Prognose und Leitungsmodell in der Agrarwissenschaft. 24 S. m. 7 Abb. – 1,50 M

Heft 11: STUBBE, H.: Über die deutsch-russisch-sowjetischen Wechselbeziehungen im Bereich der Naturwissenschaften, insbesondere der Biologie und Landwirtschaftswissenschaften. 31 S. – 1,80 M

Weitere Hefte in Vorbereitung

Jahrbücher

+ Jahrbuch 1965/66. 356 S.
+ Jahrbuch 1967/68. (In Vorbereitung)

Tagungsberichte

Nr. 71: Beiträge über neue Forschungsergebnisse in der Unkrautbekämpfung. Internationale wissenschaftliche Tagung der Biologischen Zentralanstalt Berlin der Deutschen Akademie der Landwirtschaftswissenschaften zu Berlin vom 29. Juni bis 3. Juli 1964 in Berlin. 1966. 181 S. m. 16 Abb. – 10,20 M

Nr. 72: Fruchtfolgegestaltung unter Berücksichtigung der Konzentration und Spezialisierung der landwirtschaftlichen Produktion. Vorträge und Diskussionen zum internationalen Symposium des Instituts für Acker- und Pflanzenbau Müncheberg und der Arbeitsgemeinschaft „Fruchtfolgen" der Deutschen Akademie der Landwirtschaftswissenschaften zu Berlin vom 30. Juni bis 3. Juli 1964 in Müncheberg. 1966. 338 S. m. 109 Abb. – 31,40 M

Nr. 73: Vorträge anläßlich der Tagung des Arbeitsausschusses für Zuckerrübenforschung der sozialistischen Länder vom 8. bis 10. September 1964 in Kleinwanzleben. 1966. 172 S. m. 23 Abb. – 11,50 M

Nr. 74: Biochemische Probleme der kranken Pflanze. Vorträge eines Symposiums im Institut für Phytopathologie Aschersleben der Deutschen Akademie der Landwirtschaftswissenschaften zu Berlin vom 19. bis 21. August 1964. 1965. 348 S. m. 95 Abb. – 29,50 M

Nr. 75: Aktuelle Probleme der Kiefernwirtschaft. Internationales Symposium des Instituts für Forstwissenschaften Eberswalde der Deutschen Akademie der Landwirtschaftswissenschaften zu Berlin vom 28. September bis 3. Oktober 1964 in Eberswalde. 1965. 716 S. m. 300 Abb. – 60,00 M

Nr. 76: Chemie in der Landwirtschaft. Vorträge einer wissenschaftlichen Sektionstagung vom 8. bis 10. März 1965 im Rahmen des wissenschaftlichen Kongresses anläßlich der Jubiläumsmesse „800 Jahre Leipziger Messe" vom 6. bis 11. März 1965 in Leipzig, veranstaltet vom Forschungsrat der Deutschen Demokratischen Republik und der Kammer der Technik. 1967. 311 S. m. 56 Abb. – 18,15 M

Nr. 77: Probleme der Masthuhnzüchtung und Broilerproduktion. Internationales Symposium des Instituts für Geflügelzucht Rottenau der Deutschen Akademie der Landwirtschaftswissenschaften zu Berlin vom 13. bis 15. Oktober 1964 in Magdeburg und Rottenau. 1966. 132 S. m. 26 Abb. – 9,00 M

Nr. 78: Beiträge zur Jagd- und Wildforschung IV. Vorträge der 11. Tagung der Arbeitsgemeinschaft für Jagd- und Wildforschung am 8. und 9. Januar 1965 in Gatersleben. 1965. 180 S. m. 96 Abb. – 7,90 M

Nr. 79: Untersuchungen zum Problem der Ertragsrelationen zwischen einigen landwirtschaftlichen Fruchtarten in Abhängigkeit von den Standortbedingungen. Vorträge aus den Sitzungen der Sektion Acker- und Pflanzenbau sowie Pflanzenschutz der Deutschen Akademie der Landwirtschaftswissenchaften zu Berlin am 8. Oktober und 12. November 1964. 1966. 102 S. m. 7 Abb. u. 4 Einschlagtaf. – 8,35 M

Nr. 80: Bericht über die 10. Wanderversammlung Deutscher Entomologen, 15. bis 19. September 1965 in Dresden. (In Vorbereitung)

Nr. 81: Probleme der Fleckviehzucht. Vorträge der 1. Internationalen Fachtagung des Instituts für Tierzucht und Tierhaltung Clausberg der Deutschen Akademie der Landwirtschaftswissenschaften zu Berlin und der VVB Tierzucht Paretz vom 28. September bis 1. Oktober 1965 in Eisenach. 1966. 132 S. m. 45 Abb. – 12,35 M

Nr. 82: Wissenschaftliche Veranstaltungen der Deutschen Akademie der Landwirtschaftswissenschaften zu Berlin anläßlich der 13. Landwirtschaftsausstellung der DDR vom 2. bis 6. Juli 1965 in Leipzig.
Teil I: Wissenschaftliche Tagung und Arbeitskreis Agrarökonomik. 1966. 138 S. m. 20 Abb. – 7,35 M
Teil II: Arbeitskreis Ertragsbildung und Arbeitskreis Bodenfruchtbarkeit. 1966. 348 S. m. 127 Abb. – 15,75 M
Teil III: Arbeitskreis Viehwirtschaft. 1966. 196 S. m. 38 Abb. – 8,90 M

Nr. 83: Ökonomisch-mathematische Methoden in der Landwirtschaft. Vorträge des III. Wissenschaftlichen Symposiums zur Anwendung ökonomisch-mathematischer Methoden und der modernen Rechentechnik in der Landwirtschaft der sozialistischen Länder im Institut für Agrarökonomik Neetzow der Deutschen Akademie der Landwirtschaftswissenschaften zu Berlin vom 25. bis 30. Oktober 1965. 1966. 255 S. m. 5 Abb. – 12,30 M

Nr. 84: Ernährung und Düngung der Fichte. Vorträge der Tagung der Arbeitsgemeinschaft Forstdüngung und -melioration der Sektion Forstwesen der Deutschen Akademie der Landwirtschaftswissenschaften zu Berlin vom 4. bis 6. Oktober 1965 in Tharandt anläßlich des 75. Geburtstages von Prof. (em.) H. F. SACHSSE. (In Vorbereitung)

Nr. 85: Mineralstoffversorgung von Pflanze und Tier. Vorträge eines internationalen Symposiums des Instituts für Pflanzenernährung Jena der Deutschen Akademie der Landwirtschaftswissenschaften zu Berlin und des Instituts für Tierernährung der Friedrich-Schiller-Universität Jena vom 8. bis 13. November 1965 in Jena. 1966. 504 S. m. 137 Abb. – 32,75 M

Nr. 86: Probleme der Feldversuchsmethodik. Vorträge eines Symposiums im Institut für Saatgut und Ackerbau Halle-Lauchstädt der Deutschen Akademie der Landwirtschaftswissenschaften zu Berlin vom 5. bis 9. Juli 1965. 1967. 182 S. m. 26 Abb. – 15,00 M

Nr. 87: Regressionsanalyse und ihre Anwendung in der Argarwissenschaft. Vorträge des 2. Biometrischen Seminars für die wissenschaftlichen Mitarbeiter der Deutschen Akademie der Landwirtschaftswissenschaften zu Berlin im März 1965. 1967. 185 S. m. 22 Abb. – 10,30 M

Nr. 88: Probleme der Gewächshausleichtbauweise aus Plastwerkstoffen. Vorträge, gehalten auf der Internationalen wissenschaftlichen Tagung aus Anlaß des 40jährigen Bestehens der Forschungsstätte für Gemüsebau Großbeeren der Deutschen Akademie der Landwirtschaftswissenschaften zu Berlin vom 2. bis 5. November 1965 in Berlin. 1968. 235 S. m. 83 Abb. – 14,50 M

Nr. 89: Probleme der Züchtung monokarper Zuckerrüben. Vorträge anläßlich des Internationalen Symposiums des Instituts für Rübenforschung Kleinwanzleben der Deutschen Akademie der Landwirtschaftswissenschaften zu Berlin vom 12. bis 15. Juli 1966 in Leipzig. Bd. 1 u. 2. 1967. 346 S. m. 43 Abb. – 15,70 M

Nr. 90: Beiträge zur Jagd- und Wildforschung V. Vorträge der 12. Tagung der Arbeitsgemeinschaft für Jagd- und Wildforschung anläßlich ihres zehnjährigen Bestehens vom 12. bis 15. Januar 1966 in Gatersleben. 1966. 236 S. m. 42 Abb. – 13,85 M

Nr. 91: Vorträge der Wissenschaftlichen Jahrestagung 1966 des Instituts für Mechanisierung der Landwirtschaft Potsdam-Bornim der Deutschen Akademie der Landwirtschaftswissenschaften zu Berlin. 1967. 106 S. m. 78 Abb. – 10,70 M

Nr. 92: Die naturwissenschaftlichen Grundlagen der Silierung. Vorträge und Diskussionen eines internationalen Symposiums im Oskar-Kellner-Institut für Tierernährung Rostock der Deutschen Akademie der Landwirtschaftswissenschaften zu Berlin vom 26. bis 28. 9. 1966. 1967. 312 S. m. 67 Abb. – 26,75 M

Nr. 93: Über die Rolle des Wassers als ertragsteigernder Faktor im Obstbau. Internationales Kolloquium des Instituts für Obstbau Dresden – Pillnitz der Deutschen Akademie der Landwirtschaftswissenschaften zu Berlin anläßlich der iga in Erfurt vom 3. bis 5. Oktober 1966. 1967. 128 S. m. 62 Abb. – 11,20 M

Nr. 94: Zur Stickstoffdüngung der Weiden – Ergebnisse koordiniert durchgeführter Versuche. Vorträge und Auswertung der internationalen wissenschaftlichen Tagung im Institut für Grünland- und Moorforschung Paulinenaue der Deutschen Akademie der Landwirtschaftswissenschaften zu Berlin vom 1. bis 4. Juni 1965. 1968. 191 S. m. 14 Abb. – 9,15 M

Nr. 95: Züchtung und Anbau von Feldfutterpflanzen. Wissenschaftliche Vortragstagung des Instituts für Pflanzenzüchtung Bernburg der Deutschen Akademie der Landwirtschaftswissenschaften zu Berlin am 1. und 2. Dezember 1966 in Bernburg. (In Vorbereitung)

Nr. 96: Anwendung neuer Erkenntnisse der Züchtungsforschung in der Obstzüchtung. Internationale Arbeitstagung des Instituts für Acker- und Pflanzenbau Müncheberg, Abteilung Obstzüchtung, der Deutschen Akademie der Landwirtschaftswissenschaften zu Berlin vom 6. bis 9. September 1966. (In Vorbereitung)

Nr. 97: VII. Europäisches Symposium über Viruskrankheiten der Obstbäume. Vorträge und Diskussionen eines Symposiums im Institut für Phytopathologie Aschersleben der Deutschen Akademie der Landwirtschaftswissenschaften zu Berlin vom 10. bis 16. Juli 1967. 1968. 346 S. m. 130 Abb.

Nr. 98: Mineralisation der Zellulose. Vorträge und Diskussion anläßlich des internationalen Symposiums des Instituts für Grünland- und Moorforschung Paulinenaue der Deutschen Akademie der Landwirtschaftswissenschaften zu Berlin und des Instituts für Bodenkunde und Mikrobiologie der Karl-Marx-Universität Leipzig vom 24. bis 26. April 1967 in Jena. 1968. 296 S. m. 86 Abb.

Nr. 99: Physiologische Probleme im Obstbau. Vorträge der 3. Internationalen Arbeitstagung des Instituts für Obstbau Dresden-Pillnitz der Deutschen Akademie der Landwirtschaftswissenschaften zu Berlin vom 8. bis 12. Mai 1967. (In Vorbereitung)

Nr. 100: Klimaresistenz, Photosynthese und Stoffproduktion. Vorträge und Diskussionen, Institut für Forstwissenschaften Eberswalde, Abteilung Forstpflanzenphysiologie, Bereich Forstpflanzenzüchtung Graupa, vom 17. bis 19. Mai in Graupa. 1968. 256 S. m. 98 Abb.

Nr. 101: Die Bedeutung der Polyploidie für die Evolution und die Pflanzenzüchtung. Vorträge des I. Internationalen Symposiums über Phylogenetik bei Kulturpflanzen im Institut für Pflanzenzüchtung Quedlinburg der Deutschen Akademie der Landwirtschaftswissenschaften zu Berlin vom 11. bis 15. September 1967. (In Vorbereitung)

Nr. 102: Beiträge zur Bodensystematik unter besonderer Berücksichtigung reliktischer und rezenter Merkmale. Vorträge und Diskussion des Internationalen Bodenkundlichen Symposiums des Instituts für Bodenkunde Eberswalde der Deutschen Akademie der Landwirtschaftswissenschaften zu Berlin vom 10. bis 15. Oktober 1967. (In Vorbereitung)

Nr. 103: Probleme der forstlichen Pflanzenernährung und Düngung. Vorträge einer Tagung der Arbeitsgemeinschaft Forstdüngung und -melioration der Sektion Forstwesen der Deutschen Akademie der Landwirtschaftswissenschaften zu Berlin vom 12. bis 14. September 1967 in Graupa. (In Vorbereitung)

Nr. 104: Beiträge zur Jagd- und Wildforschung VI. Vorträge der 13. Tagung der Arbeitsgemeinschaft für Jagd- und Wildforschung vom 11. bis 14. Januar 1968 in Gatersleben. 1968. 217 S. m. 72 Abb. – 15,00 M

Nr. 105: Probleme der Information und Dokumentation in der Landwirtschaft. Vorträge eines Internationalen Symposiums des Instituts für Landwirtschaftliche Information und Dokumentation Berlin der Deutschen Akademie der Landwirtschaftswissenschaften zu Berlin vom 20. bis 23. Mai 1968. (In Vorbereitung)

Nr. 106: Rationelle Gestaltung der Verwertung von Abwässern und Abwasserschlamm in der sozialistischen Landwirtschaft. Vorträge eines Internationalen Symposiums der Deutschen Akademie der Landwirtschaftswissenschaften zu Berlin und der Kammer der Technik am 28. und 29. Mai 1968. (In Vorbereitung)

Nr. 107: Internationale Gemeinschaftsversuche zur Krumenvertiefung. Zusammenfassende Auswertung der Ergebnisse der Jahre 1959/60 bis 1966, beschlossen anläßlich der IV. Koordinierungsberatung zu Problemen der

Grundbodenbearbeitung vom 20. 6. bis 21. 6. 1966 in Brno. (In Vorbereitung)

Nr. 108: Die geschichtsverändernde Rolle der Großen Sozialistischen Oktoberrevolution und ihre Auswirkung auf die Entwicklung der Gartenbauwissenschaft. Internationales Symposium der Sektion Gemüse-, Obst- und Zierpflanzenbau der Deutschen Akademie der Landwirtschaftswissenschaften zu Berlin und der Sektion Gartenbau der Humboldt-Universität zu Berlin am 24. November 1967 in Berlin. (In Vorbereitung)

Nr. 109: Beiträge zur Erforschung der Aufnahme, der Weiterleitung und des Metabolismus der wichtigsten neuen Herbizide in den Pflanzen. Internationales Symposium der Biologischen Zentralanstalt Berlin der Deutschen Akademie der Landwirtschaftswissenschaften zu Berlin. Berlin, 26. bis 31. Mai 1968. (In Vorbereitung)

Nr. 110: Biologische Bekämpfungsmethoden von Forstschädlingen. Vorträge einer Koordinierungsberatung im Deutschen Entomologischen Institut Eberswalde der Deutschen Akademie der Landwirtschaftswissenschaften zu Berlin vom 11. bis 15. November 1968. (In Vorbereitung)

Wissenschaftliche Abhandlungen

Nr. 57: PILZ, J.: Blutgruppen des Rindes und ihre praktische Bedeutung für die Rinderzucht. 1966. 53 S. – 4,80 M

Nr. 58: BRAASCH, H.: Methodische Untersuchungen zum Nachweis von Attraktiv- und Repellenteffekten verschiedener Pflanzenschutzmittel auf Insekten. (In Vorbereitung)

Beiträge zur Geschichte der Landwirtschaftswissenschaften

Nr. 3: REINHOLD, J.: 40 Jahre Forschungsstätte für den Gemüsebau Großbeeren. 1967. 88 S. m. 43 Abb.

Schriftenreihe für die landwirtschaftlichen Produktionsgenossenschaften

Diese Reihe hat ihr Erscheinen eingestellt.

Handbücher des Genossenschaftsbauern

Produktion von Schweinen. 1966. 227 S. m. 59 Abb. – 8,00 M (2. Aufl. in Vorbereitung)

Produktion von Eiern und Broilern. 1966. 183 S. m. 65 Abb. – 7,00 M (2. Aufl. in Vorbereitung)

Produktion von Zuckerrüben. 1966. 206 S. m. 66 Abb. – 8,00 M (2. Aufl. in Vorbereitung)

Produktion von Getreide. 1966. 224 S. m. 45 Abb. – 8,00 M (2. Aufl. in Vorbereitung

Produktion von Milch. 1967. 216 S. m. 54 Abb. – 8,00 M (2. Aufl. in Vorbereitung)

Produktion von Rindern (Mast). 1967. 187 S. m. 18 Abb. – 7,00 M (2. Aufl. in Vorbereitung)

Produktion von Rindern (Aufzucht). 1967. 208 S. m. 46 Abb. – 8,00 M (2. Aufl. in Vorbereitung)

Produktion von Schafen und Wolle. 1967. 189 S. m. 58 Abb. – 7,00 M

Produktion von Kartoffeln. 1968. 256 S. m. 71 Abb. – 9,00 M

Entwicklung und Bewirtschaftung des Genossenschaftswaldes. 1968. 200 S. m. 27 Abb. – 7,00 M

Produktion von Futter. (In Vorbereitung)

Planung, Abrechnung und Betriebsanalyse in landwirtschaftlichen Produktionsgenossenschaften. (In Vorbereitung)

Produktion von Öl- und Faserpflanzen. 1969. 204 S. m. 39 Abb. – 8,00 M

+ Informationen zur Ökonomik der Agrarwissenschaft

Nr. 1/1968: HANKE, P.: Notwendigkeit (Begründung) einer Wissenschaftskunde in der Agrarforschung. 18 S. m. 2 Abb.

Nr. 2/1968: POLSFUSS, W.: Die Entwicklung komplexer Forschungen über die Wissenschaft und die Rolle der Wissenschaftsökonomik im Bereich der Agrarwissenschaft. 13 S.

Nr. 3/1968: KOHL, M.: Erste Erfahrungen aus der Einführung der wirtschaftlichen Rechnungsführung in den Instituten der Deutschen Akademie der Landwirtschaftswissenschaften zu Berlin. 19 S.

Nr. 4/1968: HANKE, P.; KIESEWETTER, K.: Entscheidungskriterien und -flußbilder für Forschungsaufgaben auf dem Gebiet der landwirtschaftlichen Produktion und der Nahrungsgüterwirtschaft. 51 S. m. 8 Abb.

Nr. 5/1968: DYHRENFURTH, K.; HANKE, P.: Zur Bedeutung einer modernen sozialistischen Wissenschaftsorganisation in der Deutschen Akademie der Landwirtschaftswissenschaften zu Berlin. 35 S.

Nr. 1/1969: POLSFUSS, W.: Einige Probleme der Arbeitsteilung und Kooperation in der Agrarforschung. 14 S.

Nr. 2/1969: HANDTKE, H.: Ökonomische Probleme der erzeugnisorientierten Agrarforschung. 28 S.

+ Mitteilungen des Rechenzentrums

Zwanglose Folge (1968 ein Heft)

Folgende Reihen erscheinen in Zusammenarbeit mit den Naturschutzverwaltungen bei den Räten der Bezirke:

+ Naturschutzarbeit in Berlin und Brandenburg

1969 erscheint der 5. Jahrgang

+ Naturschutzarbeit in Mecklenburg

1969 erscheint der 12. Jahrgang

+ Naturschutzarbeit und naturkundliche Heimatforschung in den Bezirken Halle und Magdeburg

1969 erscheint der 6. Jahrgang

+ Naturschutzarbeit und naturkundliche Heimatforschung in Sachsen

1969 erscheint der 11. Jahrgang

+ Landschaftspflege und Naturschutz in Thüringen

1969 erscheint der 5. Jahrgang

II. EINZELVERÖFFENTLICHUNGEN

+ Sortiment wilder und kultivierter Kartoffelspecies des Instituts für Pflanzenzüchtung Groß-Lüsewitz (G-LKS)
  Teil 1: Index. 1966. 263 S.
  Teil 2: Untersuchungsergebnisse. 1968. 244 S.

Index litteraturae entomologicae, Band III M–R. 1968. 528 S. – 55,00 M

Index litteraturae entomologicae, Band IV S–Z. (In Vorbereitung)

+ Arbeitsrichtlinie zur Durchführung der standortkundlichen Ergänzung der Bodenschätzung. 1967. 50 S.

+ Verfahrensübersicht Biometrie und Rechentechnik (Autorenkollektiv). 1967. 48 S.

+ Vorträge. Ökonomische Probleme der Agrarwissenschaft. Symposium des Lehrstuhls Politische Ökonomie – Fachrichtung Landwirtschaft – des Instituts für Gesellschaftswissenschaften beim ZK der SED und der Kommission „Ökonomik der Agrarwissenschaft" beim Präsidium der Deutschen Akademie der Landwirtschaftswissenschaften zu Berlin am 21./22. März 1967 in Berlin. 1967. 115 S. m. 5 Abb.

+ Vorträge zur Festlichen Sitzung anläßlich der Investitur des Präsidenten und des Präsidiums der Deutschen Akademie der Landwirtschaftswissenschaften am 31. Mai 1968 in Berlin. 1968. 71 S.

+ Vorträge. Plenartagung der Deutschen Akademie der Landwirtschaftswissenschaften zu Berlin. 19. April 1968 in Neuholland. 1968. 54 S.

+ Vorträge. Plenartagung der Deutschen Akademie der Landwirtschaftswissenschaften zu Berlin. 15. November 1968 in Berlin. 1968. 44 S.

Der Statische Versuch Lauchstädt in sieben Jahrzehnten. Forschungen zur Bodenfruchtbarkeit. Aus Anlaß des 75jährigen Bestehens des Instituts in Bad Lauchstädt erarbeitet von einem Autorenkollektiv des Instituts für Saatgut und Ackerbau Halle-Lauchstädt der Deutschen Akademie der Landwirtschaftswissenschaften zu Berlin. (In Vorbereitung)

III. ARCHIVE UND ZEITSCHRIFTEN

Beiträge zur Entomologie (Chefredakteur: Dr. G. MORGE). 1969 erscheint der 19. Band, je Heft 5,00 M (jährlich 4 Doppelhefte)

Zeitschrift für Fischerei NF (Chefredakteur: Prof. Dr. Dr. h. c. H. H. WUNDSCH). 1969 erscheint der 17. Band, je Heft 5,00 M (jährlich 10 Hefte)

Archiv für Forstwesen (Chefredakteur: Prof. Dr. E. WAGENKNECHT). 1969 erscheint der 18. Band, je Heft 5,00 M (jährlich 12 Hefte)

Archiv für Gartenbau (Chefredakteur: Prof. Dr. Dr. h. c. G. FRIEDRICH). 1969 erscheint der 17. Band, je Heft 5,00 M (jährlich 8 Hefte)

Archiv für Geflügelzucht und Kleintierkunde (Chefredakteur: Dr. J. ENGELHARD). 1969 erscheint der 18. Band, je Heft 5,00 M (jährlich 6 Hefte)

Albrecht-Thaer-Archiv. Arbeiten aus den Gebieten Bodenkunde, Pflanzenernährung, Acker- und Pflanzenbau (Chefredakteur: Prof. Dr. E. EHWALD). 1969 erscheint der 13. Band, je Heft 5,00 M (jährlich 12 Hefte)

Archiv für Tierzucht (Chefredakteur: Prof. Dr. Dr. h. c. W. STAHL). 1969 erscheint der 12. Band, je Heft 5,00 M (jährlich 6 Hefte)

Archiv für Landtechnik (Chefredakteur: Prof. Dr. H. HEYDE). 1969 erscheint der 8. Band, je Heft 5,00 M (jährlich 3 Hefte)

Zeitschrift für Landeskultur. Arbeiten aus den Fachgebieten Meliorationswesen, Grünlandkunde und Landschaftsplanung (Chefredakteur: Prof. Dr. E. WOJAHN). 1969 erscheint der 10. Band, je Heft 5,00 M (jährlich 6 Hefte)

Archiv für Naturschutz und Landschaftsforschung (Chefredakteur: Prof. Dr. H. MEUSEL). 1969 erscheint der 9. Band, je Heft 5,00 M (jährlich 4 Hefte)

Archiv für Pflanzenschutz (Chefredakteur: Prof. Dr. A. HEY). 1969 erscheint der 5. Band, je Heft 5,00 M (jährlich 6 Hefte)

Der Deutsche Gartenbau (Chefredakteur: Prof. Dr. J. DEHNE). 1969 erscheint der 16. Jahrgang, je Heft 1,50 M (monatlich 1 Heft)

Obstbau (Ausgabe der Zeitschrift „Der Deutsche Gartenbau". Fachzeitschrift für Obstbau, Weinbau und Baumschule) (Chefredakteur: Prof. Dr. Dr. h. c. G. FRIEDRICH). 1969 erscheint der 9. Jahrgang, je Heft 1,00 M (monatlich 1 Heft)

Nachrichtenblatt für den Deutschen Pflanzenschutzdienst NF (Chefredakteur: Prof. Dr. A. HEY). 1969 erscheint der 23. Jahrgang, je Heft 2,00 M (monatlich 1 Heft)

Feldwirtschaft (Chefredakteur: Dr. Hg. STEIKHARDT). 1969 erscheint der 10. Jahrgang, je Heft 1,50 M (monatlich 1 Heft)

Tierzucht (Fachzeitschrift für Züchtung, Fütterung und Haltung) (Chefredakteur: Prof. Dr. O. LIEBENBERG). 1969 erscheint der 23. Jahrgang, je Heft 1,50 M (monatlich 1 Heft)

Deutsche Fischereizeitung (Fachzeitschrift der Binnenfischerei der Deutschen Demokratischen Republik). Unter Mitwirkung der VVB Binnenfischerei Peitz und der Deutschen Akademie der Landwirtschaftswissenschaften zu Berlin herausgegeben von Prof. Dr. Dr. h. c. H. WUNDSCH (Chefredakteur: Dr. H. MÜLLER). 1969 erscheint der 16. Jahrgang, je Heft 0,90 M (monatlich 1 Heft)

Mitteilungsblatt Standardisierung Landwirtschaft (Chefredakteur: Dr. H. LINDNER). 1969 erscheint der 8. Jahrgang, je Heft 2,00 M (jedes Quartal 1 Heft)

IV. SONSTIGE VERÖFFENTLICHUNGEN

+ Mitteilungen und Beschlüsse. Deutsche Akademie der Landwirtschaftswissenschaften zu Berlin. ca. 12 S.
  Erscheint alle 2 Monate

+ Kalender. Deutsche Akademie der Landwirtschaftswissenschaften zu Berlin. 48 S. Anschriften, 120 S. Kalendarium
  Erscheint jährlich

+ Pflanzenschutzmittelverzeichnis. Deutsche Akademie der Landwirtschaftswissenschaften zu Berlin, Biologische Zentralanstalt Berlin. ca. 64 S.
  Erscheint jährlich

+ Merkblätter der Arbeitsgemeinschaft für Jagd- und Wildforschung
  Nr. 23: BRIEDERMANN, L.: Die Schwarzwildbewirtschaftung in Theorie und Praxis. (vergriffen)
  Nr. 24: SIEFKE, A.: Richtlinien für die Wildmarkierung.

+ Flugblätter der Biologischen Zentralanstalt Berlin der Deutschen Akademie der Landwirtschaftswissenschaften zu Berlin
  In der Berichtszeit ist kein Flugblatt erschienen.

+ Prüfberichte. Staatliches Komitee für Landtechnik und materiell-technische Versorgung der Landwirtschaft, Zentrale Prüfstelle für Landtechnik Potsdam-Bornim. Jährlich ca. 40 Berichte

V. PUBLIKATIONEN DES INSTITUTS FÜR LANDWIRTSCHAFTLICHE INFORMATION UND DOKUMENTATION BERLIN

Landwirtschaftliches Zentralblatt

Abteilung I, Landtechnik. Jährlich 9 Hefte, 180,00 M; einseitig bedruckt 216,00 M. 1969 erscheint der 15. Jahrgang

Abteilung II, Pflanzliche Produktion. Jährlich 12 Hefte, 240,00 M; einseitig bedruckt 288,00 M. 1969 erscheint der 14. Jahrgang

Abteilung III, Tierzucht – Tierernährung – Fischerei. Jährlich 12 Hefte, 240,00 M; einseitig bedruckt 288,00 M. 1969 erscheint der 14. Jahrgang

Abteilung IV, Veterinärmedizin. Jährlich 12 Hefte, 240,00 M; einseitig bedruckt 288,00 M. 1969 erscheint der 14. Jahrgang

Dokumentationsdienst Agrarökonomik

Jährlich 12 Hefte, je Heft etwa 200 Karten DIN A6, je Karte 0,07 M. 1969 erscheint der 9. Jahrgang

Literaturhinweise

Vorausinformation zum Dokumentationsdienst Agrarökonomik
Monatlich 1 Ausgabe mit ca. 180 Literaturhinweisen

Referatekarteien/Informationen

Pflanzenernährung und Düngung. Jährlich 12 Hefte, je Heft 150 Referate, 11,00 M. 1969 erscheint der 4. Jahrgang

Futterproduktion einschließlich Grünland. Jährlich 12 Hefte, je Heft 140 Referate, 10,00 M. 1969 erscheint der 4. Jahrgang

Gemüseproduktion. Jährlich 12 Hefte, je Heft 100 Referate, 7,00 M. 1969 erscheint der 4. Jahrgang

Zierpflanzenproduktion. Jährlich 12 Hefte, je Heft 70 Referate, 5,00 M. 1969 erscheint der 4. Jahrgang

Unkrautbekämpfung. Jährlich 12 Hefte, je Heft 50 Referate, 4,00 M. 1969 erscheint der 4. Jahrgang

Rinderproduktion. Jährlich 12 Hefte, je Heft 170 Referate. 12,00 M. 1969 erscheint der 4. Jahrgang

Schweineproduktion. Jährlich 12 Hefte, je Heft 80 Referate, 6,00 M. 1969 erscheint der 4. Jahrgang

Ökonomik Gartenbau. Jährlich 12 Hefte, je Heft 60 Referate, 4,50 M. 1969 erscheint der 3. Jahrgang

Informationen über sozialistische Betriebswirtschaft und Kooperation. Jährlich 12 Hefte, je Heft ca. 50 S. (einseitig bedruckt), 3,00 M. 1969 erscheint der 2. Jahrgang

Bienen. Jährlich 6 Hefte, je Heft 48 Referate, 4,00 M. 1969 erscheint der 1. Jahrgang

Fortschrittsberichte für die Landwirtschaft

(seit Band 7, 1969, Fortschrittsberichte für die Landwirtschaft und Nahrungsgüterwirtschaft)

Je Heft 3,00 M, Doppelheft 6,00 M

Band 4, 1966

Nr. 1: STEGER, H.: Nitratspeicherung in der Pflanze und ihre Einflüsse und Auswirkungen auf Leistung und Gesundheit bei Rindern und Schweinen. 32 S. (vergriffen)

Nr. 2: STELLMACHER, W.: Die Bekämpfung von Salmonelleninfektionen bei Tieren, in Nahrungs- und Futtermitteln. 68 S.

Nr. 3: MÜLLER, M.; KLAMKE, R.: Die Mechanisierung der Arbeiten zur Bereitung und Entnahme von Gärfutter. 56 S.

Nr. 4: BROŽA, A.: Die Trocknung von Futterpflanzen. (Übersetzung eines Fortschrittsberichtes aus der ČSSR.) 59 S. (vergriffen)

Nr. 5: Autorenkollektiv: Stand und neueste Erkenntnisse in der Kleintierzucht fortgeschrittener Länder. 56 S. (vergriffen)

Nr. 6: Autorenkollektiv: Strahlenkrankheit bei Tieren. (Übersetzung eines Fortschrittsberichtes aus der ČSSR.) 64 S.

Nr. 7: Autorenkollektiv: Epizootologie und Bekämpfung der wichtigsten Tierseuchen in der DDR unter Berücksichtigung der internationalen Situation. Teil I: Rind und Schwein. 72 S. (vergriffen)

Nr. 8: Autorenkollektiv: Epizootologie und Bekämpfung der wichtigsten Tierseuchen in der DDR unter Berücksichtigung der internationalen Situation. Teil II: Geflügel. 70 S.

Nr. 9: GURDEV, B.; IKONOMOV, B.: Der ökonomische Nutzeffekt der Investitionen für Be- und Entwässerung. (Übersetzung eines Fortschrittsberichtes aus der VR Bulgarien.) 64 S. (vergriffen)

Nr. 10/11: HENNIG, A.: Bedeutung des Zinks in der Tierernährung und speziell bei der Fütterung des Geflügels, der Schweine und der Wiederkäuer. 106 S.

Nr. 12: BEKE, F.; KISS, A.; LELLEY, J.; RAJKI, R.: Neue Ergebnisse in der Weizenzüchtung. (Übersetzung eines Fortschrittsberichtes aus der VR Ungarn.) 60 S.

Nr. 13: JÜLICH, L.; MORGENROTH, H.; BLOSSFELD, O.: Gewinnung, Transport und Aufbereitung von Dünnholz. 72 S.

Nr. 14: FREUDENBERG, G.: Rationeller Wirtschaftswegebau – Stand und Entwicklungstendenzen. 64 S.

Nr. 15: SYRINEK, F.: Rationelle Ferkelaufzucht. (Übersetzung eines Fortschrittsberichtes aus der ČSSR.) 80 S. (vergriffen)

Nr. 16: SCHÖNHERR, W.: Die Milchkühlung im Landwirtschaftsbetrieb in internationaler Sicht. 52 S. (vergriffen)

Nr. 17: NESENI, R.; FIEDLER, H.: Euter, Milchbildung und Milchleistung. 48 S.

Nr. 18: NESENI, R.: Nährstoffe und andere Bestandteile der Milch. 62 S.

Nr. 19: Autorenkollektiv: Rationalisierung der Forstpflanzenproduktion. Teil 1: Bodenfruchtbarkeit, Saatgutvorbehandlung und Pflanzenschutz in Forstbaumschulen 77 S. (vergriffen)

Nr. 20: SCHINKE, H.: Die Mechanisierung der Räumungsarbeiten an Vorflut- und Binnengräben. 60 S.

Band 5, 1967

Nr. 1: PORZIG, E.: Verhaltensforschung bei Schweinen. 1967. 76 S.

Nr. 2/3: KULITZSCHER, H.; NEUBERT, P.; LAUE, W.: Probleme der Defoliation bei Kartoffeln und Leguminosen. 95 S.

Nr. 4: Autorenkollektiv: Gleichzeitige Selektion nach mehreren Merkmalen und deren Anwendung in der Pflanzen- und Tierzüchtung. 72 S.

Nr. 5: HAVLIČEK, J.: Methoden der Ausarbeitung langfristiger Perspektiven der landwirtschaftlichen Produktion in fortgeschrittenen kapitalistischen Ländern (Übersetzung eines Fortschrittsberichtes aus der ČSSR.) 42 S.

Nr. 6: LASSOTA, L.: Neue Ergebnisse zu Fragen der Schweinehaltung in großen Produktionseinheiten. (Übersetzung eines Fortschrittsberichtes aus der VR Polen.) 36 S.

Nr. 7: HEISSNER, A.; FÖRTSCH, Ch.; SAHRMÜLLER, R.: Anwendungsmöglichkeiten der Steuer- und Regeltechnik im Gemüsebau. 64 S.

Nr. 8: Autorenkollektiv: Die Pyogenes-Mastitis des Rindes (die sogenannte Holsteinische Euterseuche). 42 S.

Nr. 9: VOGEL, K.: Die Geflügelleukose im Blickpunkt der Aviären Virustumoren. 71 S.

Nr. 10: KUNZE, A.; BOSSE, O.: Rationalisierung und Qualitätsverbesserung der Grundbodenbearbeitung. 64 S.

Band 6, 1968

Nr. 1: JANKOWSKI, L.: Arbeitswirtschaftliche Fragen bei verschiedenen Verfahren zur Produktion von Schafwolle. 64 S.

Nr. 2/3: BERGMANN, W.: Die Bedeutung der Mikronährstoffe in der Landwirtschaft. 123 S.

Nr. 4: HORSCH, F.: Die Leptospirose des Schweines und anderer landwirtschaftlicher Nutztiere. 54 S.

Nr. 5: NEUMANN, D.; NEUMANN, U.: Anbausysteme und Kronengestaltung beim Kernobst. 58 S.

Nr. 6: EHWALD, E.: Die großmaßstäbliche landwirtschaftliche Boden- und Standortkartierung und ihre Auswertung. 72 S.

Nr. 7: KOLBE, G.; STUMPE, H.: Die Strohdüngung. 71 S.

Nr. 8: Autorenkollektiv. Rationalisierung der Forstpflanzenproduktion. Teil II: Verfahren und Grundlagen zur Technologie der Forstpflanzenanzucht in Forstbaumschulen. 83 S.

Nr. 9: PIATKOWSKI, B.: Regulation der Futteraufnahme beim Wiederkäuer. 39 S.

Nr. 10: VASILJEV, A.: Mechanisierung der Rindermast. (Übersetzung eines Fortschrittsberichtes aus der ČSSR.) 34 S.

Nr. 11: WITCZAK, F.: Der Einsatz getrockneter Kartoffeln bei der Fütterung landwirtschaftlicher Nutztiere. (Übersetzung eines Fortschrittsberichtes aus der VR Polen.) 41 S.

Nr. 12/13: GÜRTLER, H.: Die Anämie des Saugferkels – ihre Entstehung und Prophylaxe. 108 S.

Nr. 14: TUREK, E.: Belüftungstrocknung von Welkgutballen. 48 S.

Nr. 15/16: DECKER, H.: Anwendung von Nematiziden. 80 S.

Literaturanhang zum Fortschrittsbericht 6 (1968), Heft 2/3, von W. BERGMANN „Die Bedeutung der Mikronährstoffe in der Landwirtschaft". 80 S. – 6,00 M

Band 7, 1969

Nr. 1: BANNORTH, H.-G.; VOSS, W.: Zur Anwendung und Ermittlung von Produktionsfunktionen in der Landwirtschaft. 72 S. (In Vorbereitung)

Nr. 2: Autorenkollektiv: Anwendung von synthetischen Bodenverbesserungsmitteln im Gartenbau. 52 S. (In Vorbereitung)

Nr. 3: KALTOFEN, H.; KRIEHMIG, U.: Zur Frage der Harnstoffanwendung auf dem Grünland. 36 S. (In Vorbereitung)

Nr. 4: Autorenkollektiv: Vertragsbeziehungen zwischen Zuckerrübenproduktion und Zuckerrübenverarbeitung – Übersicht über den internationalen Stand. 72 S. (In Vorbereitung)

Bestellungen sind zu richten an:
Institut für Landwirtschaftliche Information und Dokumentation der Deutschen Akademie der Landwirtschaftswissenschaften zu Berlin, 108 Berlin, Krausenstraße 38/39, Telefon: **22 51 61**

Literaturstudien zur Ermittlung des wissenschaftlich-technischen Höchststandes

Literaturstudie zur Ermittlung des wissenschaftlich-technischen Höchststandes in der Getreideproduktion. 1966. 143 S. – 5,00 M

+ Weltstandsvergleiche

Nr. 1: Kartoffelwirtschaft. 1969. 26 S.
Nr. 2: Probleme der Getreidewirtschaft. (In Vorbereitung)

+ Schnellinformation für Landwirtschaft und Nahrungsgüterwirtschaft

Einmal wöchentlich mit je 12 S., Jahresabonnement 240,00 M

+ Informationen für Landwirtschaft und Nahrungsgüterwirtschaft

Zweimal monatlich mit je 32 S., Jahresabonnement 24,00 M

+ Übersichtsinformation für leitende Funktionäre der Landwirtschaft und Nahrungsgüterwirtschaft

Je Jahr 15–20 Hefte, erscheint der 4. Jahrgang

+ Landwirtschaftliche Bibliographien der Landwirtschaftlichen Zentralbibliothek

Nr. 3: Verzeichnis der Bibliographien landwirtschaftlicher Literatur aus dem Bestande der Landwirtschaftlichen Zentralbibliothek (Stand: 1. 9. 1968). (In Vorbereitung)

+ Verzeichnis der Neuerwerbungen der Landwirtschaftlichen Zentralbibliothek (Auswahl)

Monatlich 1 Heft, 1969 erscheint der 18. Jahrgang

Sonstige Veröffentlichungen

+ Dokumentation über die auf dem XXIII. Parteitag der KPdSU erörterten Probleme und beschlossenen Aufgaben der Landwirtschaft in der UdSSR. 1966. 69 S.
+ Verzeichnis der Bibliotheken und Informationseinrichtungen der Land-, Forst- und Nahrungsgüterwirtschaft in der Deutschen Demokratischen Republik. 1968. 107 S.

Kolibri 360 GmbH
Ferdinand-Jühlke-Straße 7
99095 Erfurt, Deutschland
produktsicherheit@kolibri360.de